中國海洋夢

蛟龍潛海

鍾林姣◎編著
盧瑞娜◎繪

中 華 教 育

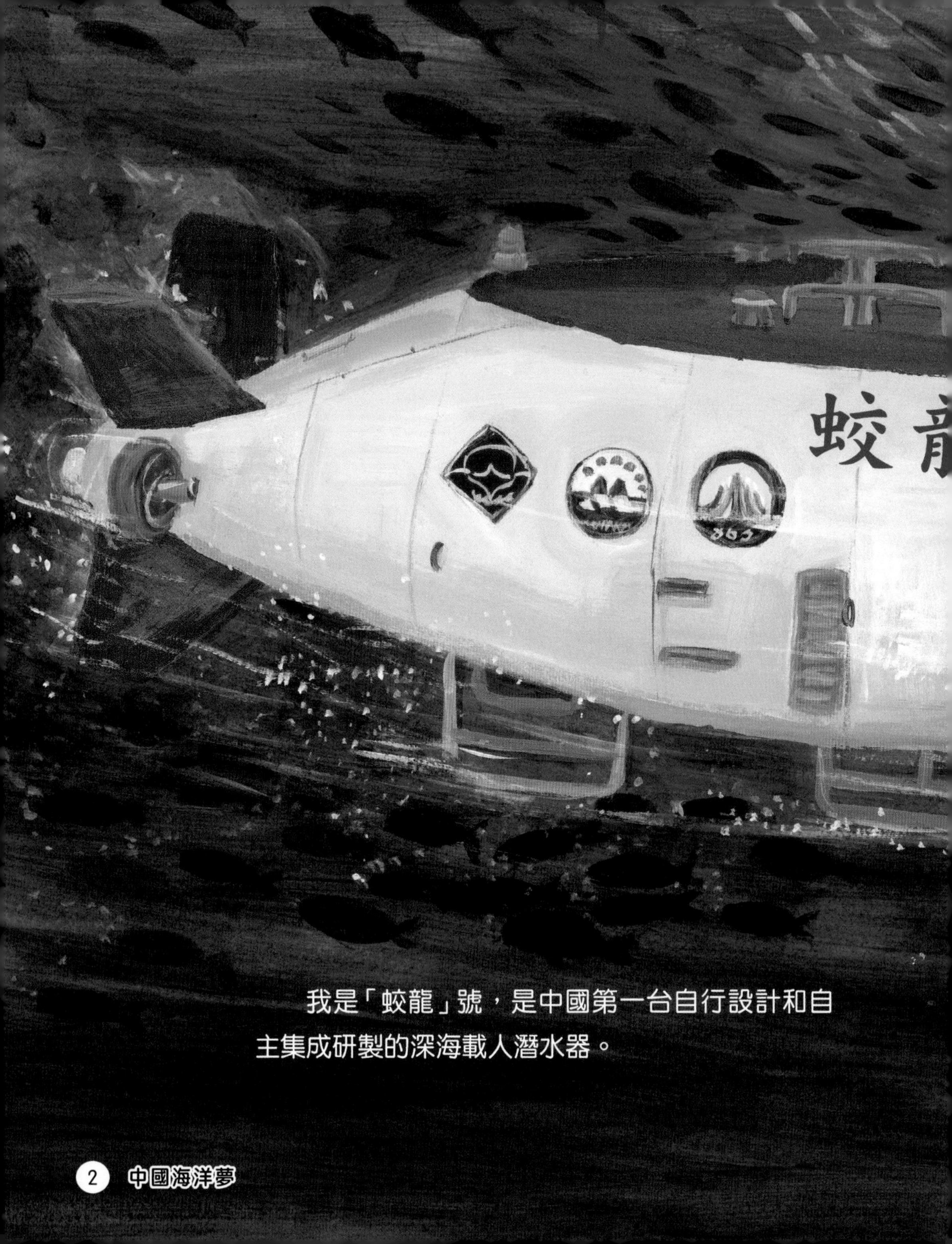

我是「蛟龍」號，是中國第一台自行設計和自主集成研製的深海載人潛水器。

蛟龍
863

我在空氣中的重量只有22噸，看起來小巧玲瓏。

我有兩隻如蟹螯般的機械手，左手力氣大，適合幹「粗活」；右手靈巧，適合幹「細活」，在海底插上五星紅旗，就是我的右手完成的。

我有許多本領。

我能貼着海底自動航行，如同在陸地上開車一樣。設定好方向後，潛航員就不再需要管我了，可以專心進行科研工作。

我能自動定高航行，與海底保持一定高度，能在地形環境複雜的深海中避免碰撞。

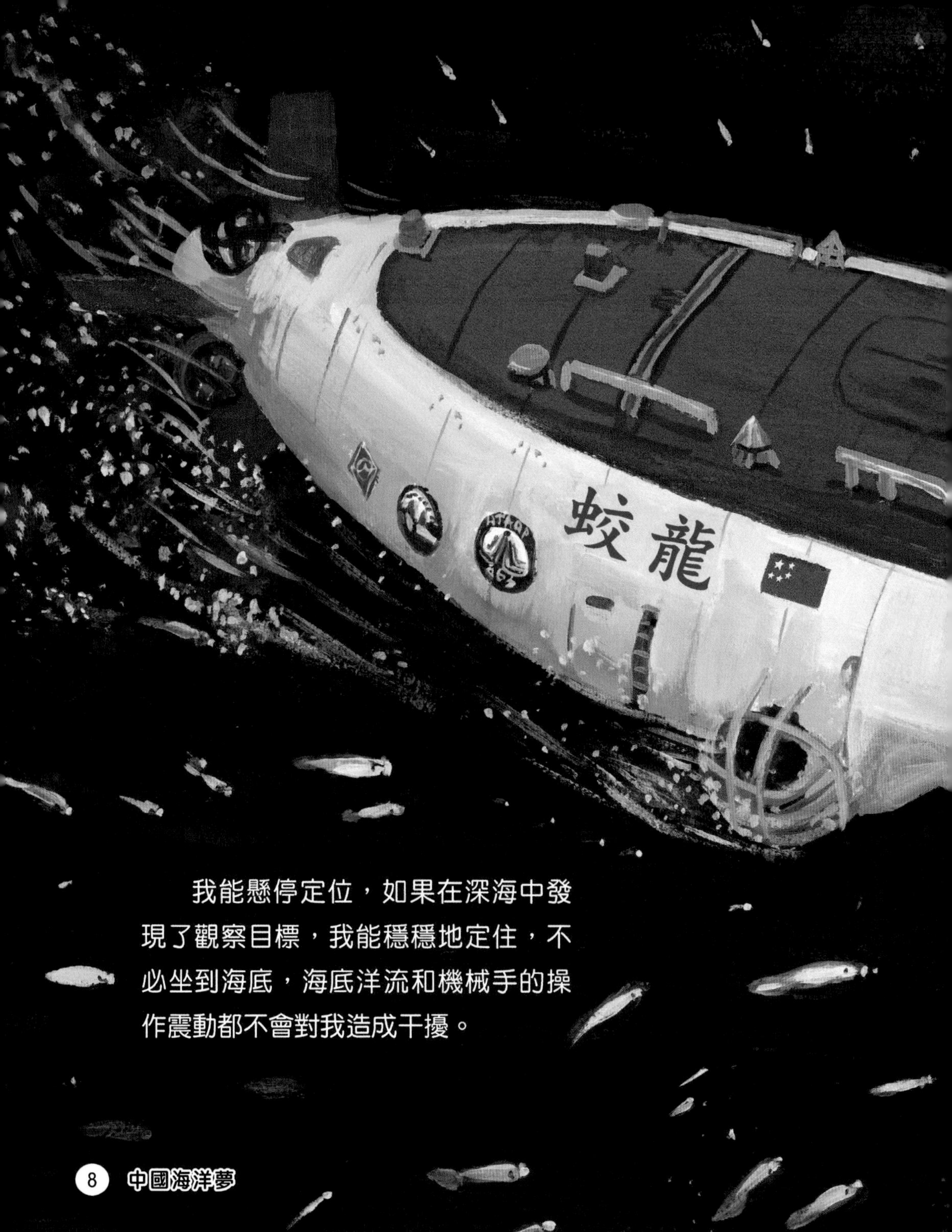

我能懸停定位，如果在深海中發現了觀察目標，我能穩穩地定住，不必坐到海底，海底洋流和機械手的操作震動都不會對我造成干擾。

潛入深海後，我與海面的母船離得很遠，我們怎麼聯繫呢？

陸地上的通信主要靠速度如光一樣快的電磁波，這邊一說話，那邊馬上就能聽到。不過電磁波在水裏沒有用，我依靠水聲通信系統把信息傳回海面，這也是我的一個大本領。

自 2009 年開始，從 1000 米到 7062 米，我進行了一百多次海試。

走，和我一起去看看神祕的海底世界。

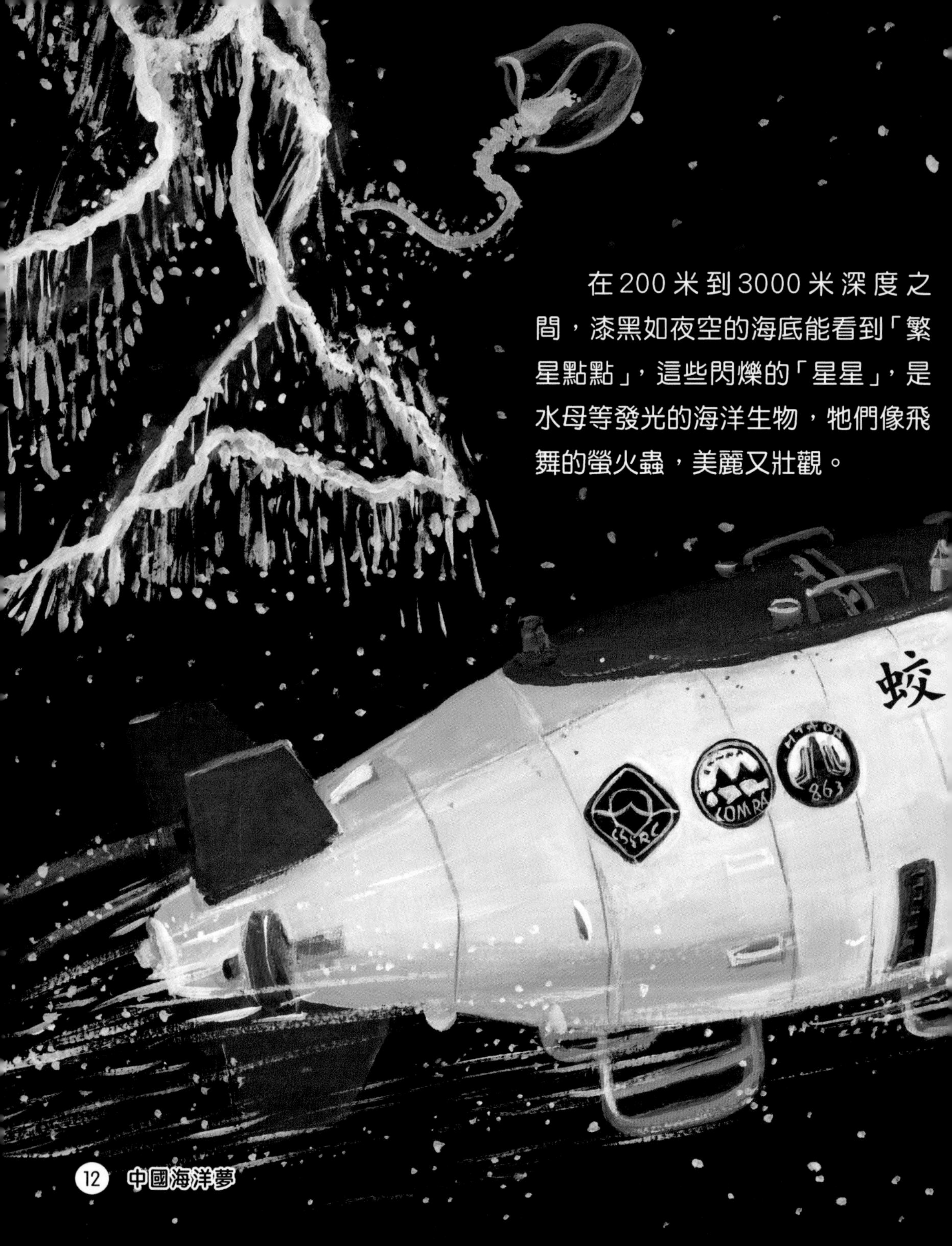

在200米到3000米深度之間，漆黑如夜空的海底能看到「繁星點點」，這些閃爍的「星星」，是水母等發光的海洋生物，牠們像飛舞的螢火蟲，美麗又壯觀。

在 5000 米深的太平洋海底，有透明的海參、紅豔豔的大蝦、將近半米長的鼠尾魚、如同百合花般美麗的海洋動物海百合，還有十分罕見的扁平狀巨型單細胞原生動物。

在 6000 多米深的馬里亞納海溝，那裏沒有生物生存，樣貌如同月球一般，到處浮動着表面光滑的黃色泥漿，我從那裏經過，掀起一股乳黃色的薄霧，有點夢幻的感覺呢。

在另一處超過 7000 米深的海底，有着豐富的海洋生物。

看，那是鼠尾魚，那是赤紅色的蝦，那是 30 多厘米長的大海參。

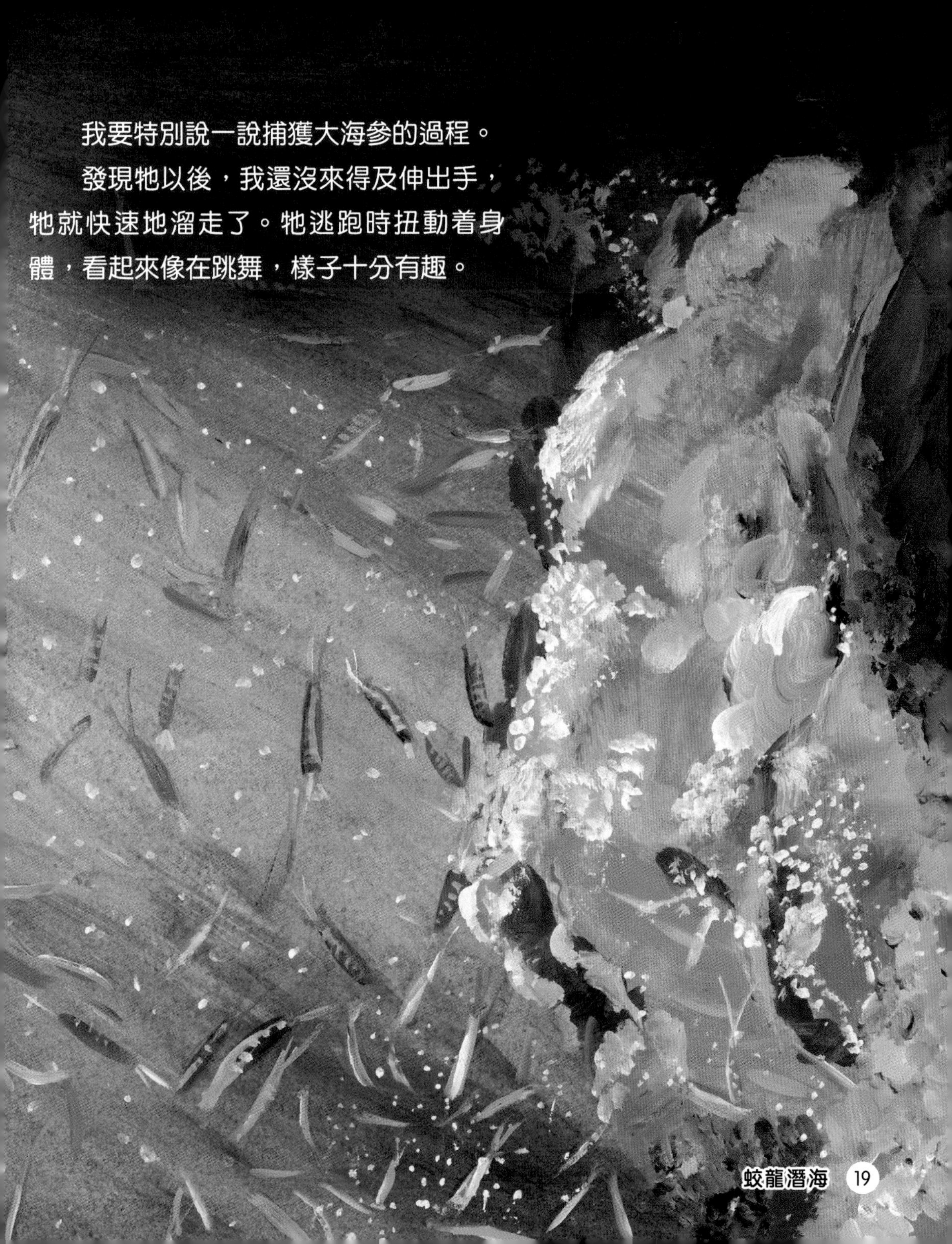

我要特別說一說捕獲大海参的過程。

發現牠以後，我還沒來得及伸出手，牠就快速地溜走了。牠逃跑時扭動着身體，看起來像在跳舞，樣子十分有趣。

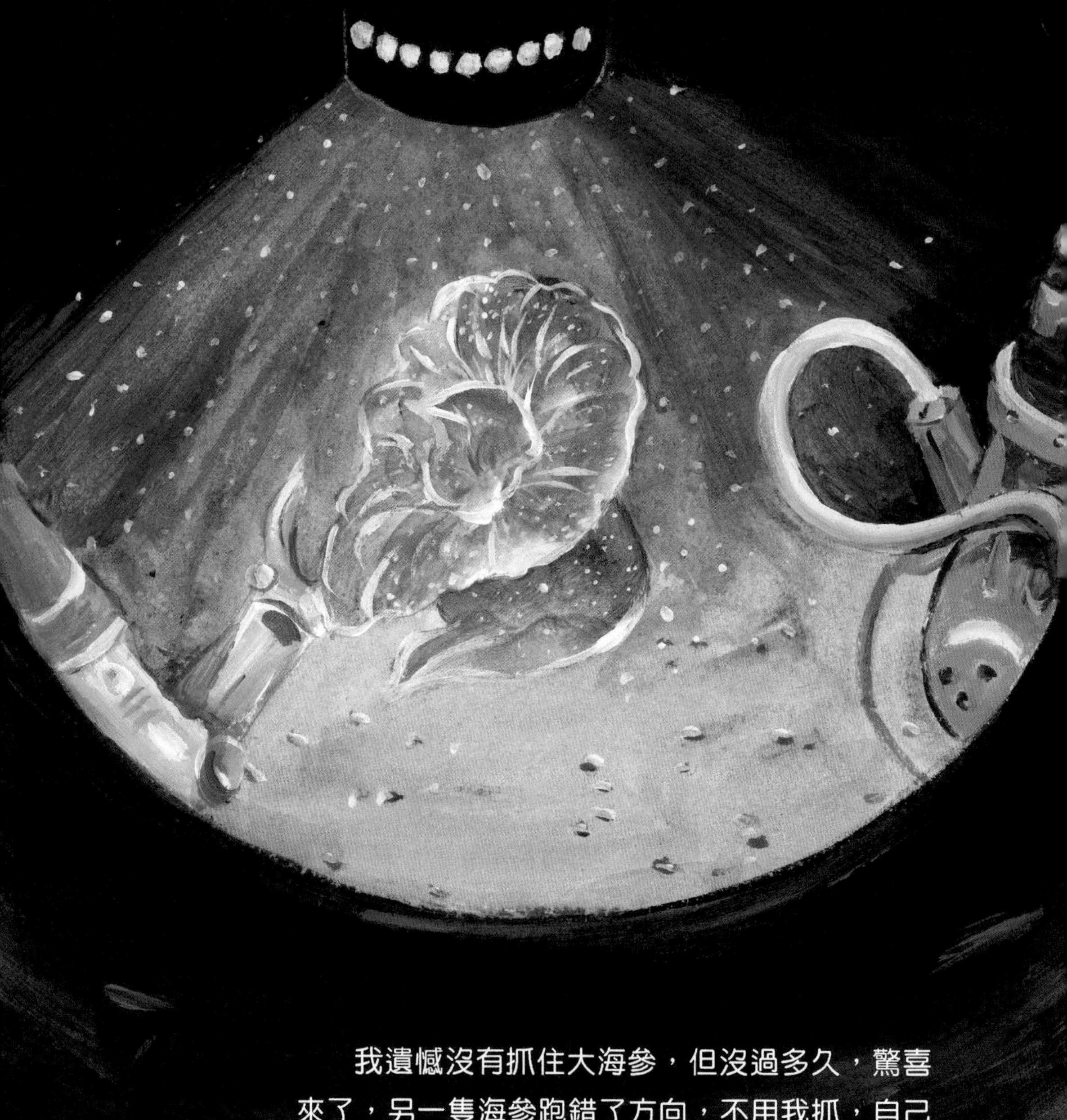

我遺憾沒有抓住大海參，但沒過多久，驚喜來了，另一隻海參跑錯了方向，不用我抓，自己游進了「筐」裏。

啊哈，得來真不費工夫！

每一次下海，都能看到陸地上看不到的奇妙景物，可也是未知的冒險。

在東太平洋進行5000米海試的那一次，我「失蹤」過。

那時是盛夏時節，太平洋海面很不平靜，三天兩頭颳大風。

我順利下潛到 5000 米深的海底，上浮到海面後卻遇到了麻煩。海面上風雨交加，四周一片迷濛。

母船上的工作人員搜索了四十多次，
都沒有在海面上發現我。

　　如果母船不能及時發現我，我有可能會受到海流的影響，漂到別的地方，這是非常危險的。

　　為了讓遠處看到，潛航員把我頂部的燈光打開。

蛟

潛航員一直沉着冷靜地和母船不斷聯繫，等待的時間比較漫長，二十多分鐘後，母船終於找到了我們，原來我們和母船的距離竟不到 300 米。

真是虛驚一場！

蛟龍

每一次海試，都是值得銘記的日子。

2012 年 6 月 27 日這一天，我在馬里亞納海溝創造了下潛 7062 米的中國載人深潛紀錄，同時也創造了世界同類作業型潛水器最大下潛深度紀錄，意味着中國具備了載人到達全球 99.8% 以上海洋深處進行作業的能力。

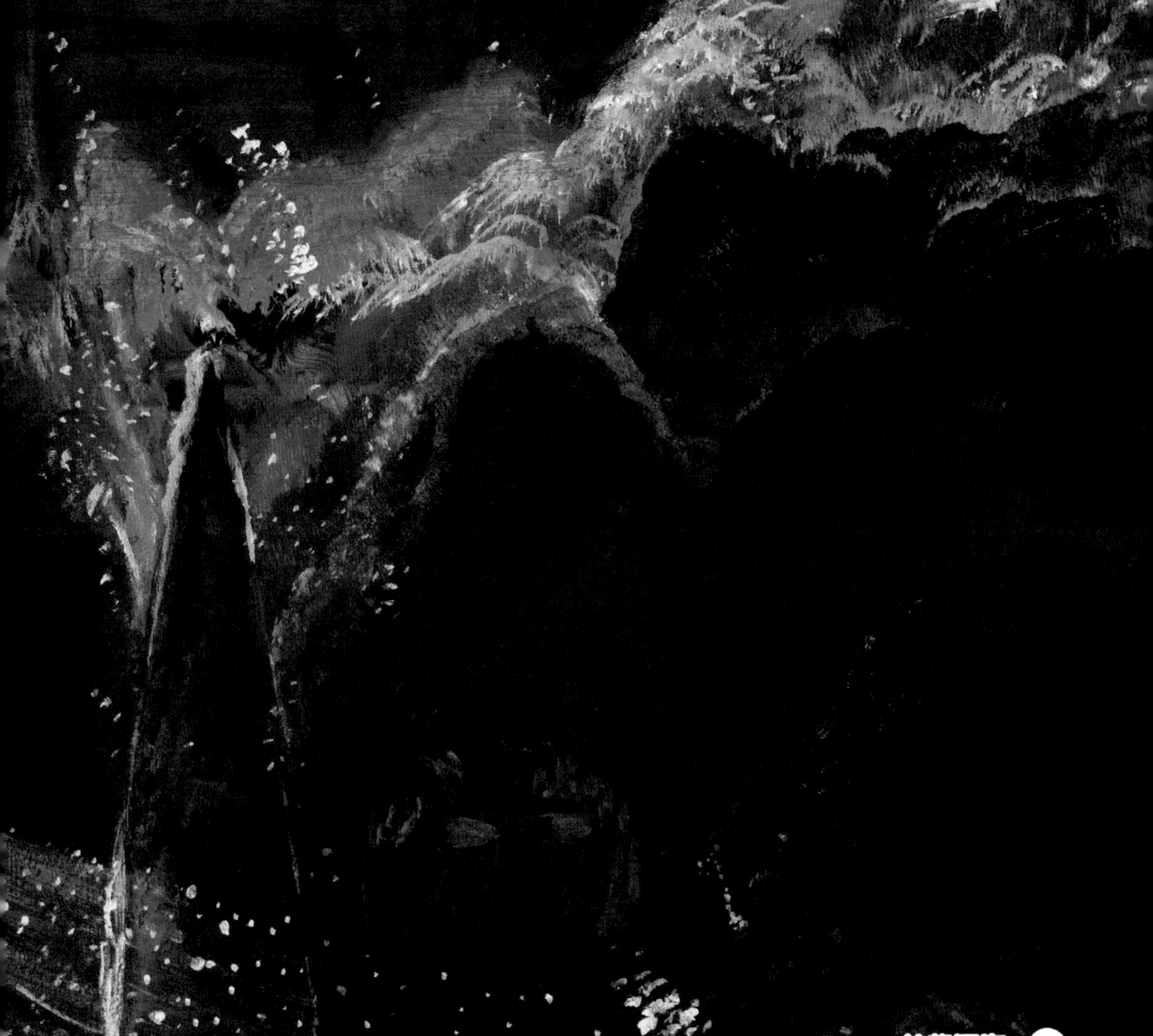

我將繼續在浩瀚無邊的海洋中探索海洋的奧祕。

「蛟龍」號大事記

2007年12月23日

科技部高新司、「863計劃」重大專項組在北京組織召開評審會，與會專家經過熱烈的論證，一致通過了《7000米載人潛水器總體設計方案論證報告》。

2007年11月27日

潛水器命名和水池試驗啟動儀式在無錫舉行。7000米載人潛水器命名為「和諧」號。

2009年10月3日

「和諧」號進行1000米水深第一次下潛試驗並成功下潛到1109米。

2010年5月

這台寄託着中華民族海洋強國夢的潛水器，正式命名為「蛟龍」號。

2010年7月12日

又是一個值得紀念的日子。13時15分，「蛟龍」號佈放入水，15時16分到達3757.31米，安然坐底。並成功佈放了海底標誌物：一面旗杆高560厘米的國旗；一個直徑30厘米的八角形盤子，上面印有五星紅旗圖案和「中國載人深潛海試紀念：2010年」字樣。兩項均由耐高壓防腐蝕的鈦合金製成。

2009年至2012年

「蛟龍」號接連取得1000米級、3000米級、5000米級和7000米級海試成功。

2012年6月27日

「蛟龍」號在馬里亞納海溝試驗海區創造了下潛7062米的中國載人深潛紀錄。

鍾林姣 ◎編著
盧瑞娜 ◎繪

責任編輯：梁潔瑩
裝幀設計：龐雅美
排　　版：龐雅美
印　　務：劉漢舉

出版 / 中華教育

香港北角英皇道 499 號北角工業大廈 1 樓 B 室
電話：(852) 2137 2338　傳真：(852) 2713 8202
電子郵件：info@chunghwabook.com.hk
網址：http://www.chunghwabook.com.hk

發行 / 香港聯合書刊物流有限公司

香港新界荃灣德士古道 220-248 號荃灣工業中心 16 樓
電話：(852) 2150 2100　傳真：(852) 2407 3062
電子郵件：info@suplogistics.com.hk

印刷 / 迦南印刷有限公司

香港新界葵涌大連排道 172-180 號金龍工業中心第三期 14 樓 H 室

版次 / 2022 年 1 月第 1 版第 1 次印刷

規格 / 16 開（206mm x 170mm）

ISBN / 978-988-8760-57-2

本書繁體版由大連出版社授權中華書局（香港）有限公司在香港、澳門、台灣地區出版